Henry Olwenyi

Avaliação da poluição do solo por metais pesados numa fábrica de cimento do Uganda

Henry Olwenyi

Avaliação da poluição do solo por metais pesados numa fábrica de cimento do Uganda

Padrões de qualidade do solo em torno da fábrica de cimento de Tororo, na parte oriental do Uganda

Imprint

Any brand names and product names mentioned in this book are subject to trademark, brand or patent protection and are trademarks or registered trademarks of their respective holders. The use of brand names, product names, common names, trade names, product descriptions etc. even without a particular marking in this work is in no way to be construed to mean that such names may be regarded as unrestricted in respect of trademark and brand protection legislation and could thus be used by anyone.

Cover image: www.ingimage.com

This book is a translation from the original published under ISBN 978-620-7-65186-3.

Publisher:
Sciencia Scripts
is a trademark of
Dodo Books Indian Ocean Ltd. and OmniScriptum S.R.L publishing group

120 High Road, East Finchley, London, N2 9ED, United Kingdom
Str. Armeneasca 28/1, office 1, Chisinau MD-2012, Republic of Moldova, Europe
Printed at: see last page
ISBN: 978-620-8-04001-7

Fig.1. Mostra a imagem da fábrica de cimento de Tororo com o monte rochoso de

Tororo ao fundo

RESUMO

A contaminação do solo com metais pesados é um dos principais problemas de saúde em todo o mundo devido aos seus efeitos cumulativos a longo prazo. Este estudo investigou as concentrações dos 3 metais pesados selecionados (Pb, Cr e Cd) nos solos em redor da fábrica de cimento de Tororo, no distrito de Osukuru Subcounty Tororo, no leste do Uganda. Foram recolhidas três amostras de solo de cada lado da fábrica de cimento, ou seja, dos lados oriental, ocidental, meridional e setentrional, a distâncias variáveis de (100, 200 e 300) m do perímetro da parede da fábrica de cimento, perfazendo um total de 12 amostras de solo recolhidas em redor da fábrica de cimento, enquanto um total de 3 amostras de solo foram recolhidas no local de controlo, Chamilula. Pesos conhecidos de amostras de solo secas em estufa foram digeridos com ácido nítrico e ácido clorídrico. As amostras digeridas foram analisadas em relação a metais pesados selecionados utilizando um espetrofotómetro de absorção atómica de chama. As concentrações de metais em redor da fábrica de cimento variaram entre 7,80 e 22,80 mg/kg para o Cr, 0,76 e 1,49 mg/kg para o Cd e 29,80 e 61,60 mg/kg para o Pb, enquanto no local de controlo, Chamilula variou entre 4,70 e 4,80 mg/kg para o Cr, 0,10 e 0,11 mg/kg para o Cr e 11,59 e 11,70 mg/kg para o Pb. Os resultados revelaram que a distribuição dos metais foi flutuante, tendo em conta as várias distâncias e direcções da fábrica de cimento. No entanto, a fábrica de cimento é a principal fonte responsável pela distribuição dos metais, mas parece que a uniformidade da topografia e da vegetação é um fator importante no controlo deste tipo de padrão de distribuição. Os níveis destes metais nas amostras de solo à volta da fábrica de cimento estavam abaixo dos limites permitidos para uso agrícola estabelecidos pela FAO/OMS e acima dos níveis encontrados no local de controlo, Chamilula. O estudo revelou que os solos da área de estudo estavam ligeiramente contaminados por metais pesados provenientes da fábrica de cimento, como demonstrado pelas concentrações muito baixas de teores de metais pesados na área de estudo de controlo, Chamilula.

ÍNDICE DE CONTEÚDOS

CAPÍTULO UM
INTRODUÇÃO

1.1.Contexto do estudo

O solo é constituído por minerais não consolidados e material orgânico que se encontra na superfície terrestre imediata e que serve de meio natural para o crescimento das plantas e outras actividades de desenvolvimento (D. H. Yaalon). O solo é composto por constituintes minerais, matéria orgânica, organismos vivos, ar e água e regula os ciclos naturais destes componentes. Λ acumulação de metais pesados nos solos é uma preocupação crescente devido a ameaças à segurança alimentar e a potenciais riscos para a saúde, bem como a efeitos prejudiciais nos ecossistemas do solo (Laughlin *et al.* 1999). Há duas fontes de metais pesados no solo, nomeadamente actividades antropogénicas e naturais. As fontes naturais de metais no solo incluem as inundações, a meteorização das rochas e as erupções vulcânicas. Estudos relataram que metais pesados como o alumínio (Al), crómio (Cr), chumbo (Pb), magnésio (Mg), cádmio (Cd), cobre (Cu) e zinco (Zn) são produzidos durante a produção de cimento (ASADU C.L., AGADA C. 2006, Lar e Usman 2012 e Patryk *et al.* 2012). Destes, Cd, Pb e Cr são considerados tóxicos, enquanto Mg, Cu e Zn são essenciais apenas em baixas concentrações (Uwah 2011).

Os metais pesados no solo podem dissolver-se na água e ser absorvidos pelas plantas e pela vegetação, entrando na cadeia alimentar. A exposição a elementos venenosos como o Pb, o Cd, o Ni e o As tem sido associada a riscos significativos para a saúde do corpo humano (Sadovska 2012). O Pb causa inibição da síntese de hemoglobina e disfunções nos rins, nas articulações e no sistema reprodutivo. Também causa danos agudos e crónicos no sistema nervoso central (Ogwuebgu e Muhanga 2005). O Cd é um poluente generalizado e um dos metais pesados mais tóxicos no ambiente devido à sua elevada mobilidade e toxicidade a baixas concentrações. É um ião metálico permanente que não pode ser degradado por nenhum organismo e pode facilmente entrar nos sistemas solo-planta e criar um risco para os seres humanos.

As emissões atmosféricas provenientes de estabelecimentos industriais são uma das principais fontes de poluição ambiental. Um tipo de indústria que causa poluição por partículas é a indústria do cimento (Isikli, B., Kalyoncu,c.2003). As principais entradas da atividade cimenteira no ambiente são as emissões de poeiras e gases (Bilen.s,2010). As poeiras de cimento espalham-se por grandes áreas através do vento, da chuva, etc., e acumulam-se nos solos, nas plantas e nos animais, podendo afetar gravemente a saúde humana (Demir, T.A, Isikli, B. 2005). Os metais pesados estão entre as substâncias mais relevantes emitidas durante oprocesso de fabrico de cimento (Schuhmacher, M, Bocio, A, M.C, Dom(2002). A influência das poeiras de cimento como causa principal da contaminação dos solos por metais pesados foi observada por vários investigadores (Asubiojo, Aina 1991). Os metais especialmente conhecidos por terem efeitos tóxicos em estudos ambientais são o arsénio, o cádmio, o chumbo, o mercúrio e o tálio (Domingo, J.L,1994). O alumínio, o berílio, o crómio, o cobre, o manganês, o níquel e o zinco, entre outros, foram identificados nas emissões das fábricas de cimento (Schuhmacher2002). O principal objetivo do presente estudo foi avaliar os níveis de contaminantes de metais pesados no solo à volta da fábrica de cimento de Tororo, no sub-condado de Osukuru, distrito de Tororo, na parte oriental do Uganda, dentro da área adjacente sem qualquer outra poluição do solo.

A Tororo Cement Limited (TCL), uma fábrica ugandesa, é um dos maiores fabricantes de materiais de construção na África Oriental. As principais fábricas da TCL estão situadas na cidade de Tororo, a cerca de 230 km por estrada, a leste de Kampala, a capital e maior cidade do Uganda. Fica a cerca de 15 km por estrada, a oeste da cidade fronteiriça de Malaba e da fronteira internacional entre o Uganda e o Quénia. As coordenadas da fábrica principal são 0°39'36.0 "N, 34°09'18.0 "E (Latitude:0.6600; Longitude:34.1550). A fábrica é o maior fabricante de cimento do Uganda, com uma produção anual estimada em 1,8 milhões de toneladas métricas. A TCL foi criada em 1952 pelo governo colonial britânico para fabricar cimento a partir do calcário disponível em abundância na área em redor da cidade de Tororo, na região oriental. A fábrica, então conhecida como Uganda Cement Industries (UCI), era administrada como uma fábrica paraestatal sob a égide da Uganda Development Corporation. Em 1995, o governo do Uganda desfez-se da UCL e a fábrica foi adquirida pelos actuais proprietários, que a remarcaram como Tororo Limited.

A Tororo Cement, sob nova direção, tornou-se o maior e mais importante fabricante de cimento do Uganda após a sua privatização. Em 2012, a população do sub-condado de Osukuru foi estimada em 2.800 pessoas. A mistura de etnias no sub-condado de Osukuru inclui os povos *Japadhola, Iteso, Samia* e *Banyoli*. As línguas faladas estão correlacionadas com as etnias da população, incluindo *Dhopadhola, Lusamia, Ateso e Lunyoli.* Nos centros urbanos, fala-se ou compreende-se o inglês, o swahili e *o luganda.* A agricultura é a espinha dorsal da economia do sub-condado de Osukuru. A maior parte dos produtos dos produtores do sub-condado de Osukuru são consumidos localmente ou vendidos nas zonas urbanas do sub-condado de Osukuru. As culturas cultivadas incluem mandioca, ervilha, feijão, batata-doce, sésamo, girassol, algodão, cebola, arroz e milho. A freguesia de Osukuru tem 24 aldeias, nomeadamente *Aburi B, Abwanget, Akabelit, Amagoro A, Amagoro B, Amagoro C, Angorom A, Angorom B, Asinge Λ, Asinge B, Asuret, Boke B, Boke* B, Koyune, Ngelechon, Opedede, Osia Likoyo, Osukuru, Osukuru corner, *Ramogi, Tengori,* Ticaf, UCI camp zone e UCI center.

1.2.Declaração do problema

A contaminação do solo com metais pesados como o cádmio (Cd), o crómio (Cr) e o chumbo (Pb) nos ecossistemas terrestres tem sido reconhecida como um grave problema de saúde ambiental devido à não biodegradabilidade destes metais pesados e à sua tendência para se acumularem nas plantas e nos tecidos animais, que mais tarde entram na cadeia alimentar humana e podem resultar em problemas de saúde. Esta contaminação da cadeia alimentar é uma via importante para a entrada destes contaminantes tóxicos no corpo humano. A ingestão crónica de metais tóxicos tem impactos adversos nos seres humanos que só se podem manifestar após vários anos de exposição. O consumo de alimentos contaminados com metais pesados pode esgotar seriamente alguns nutrientes essenciais no corpo, que são ainda responsáveis pela diminuição das defesas imunológicas, pelo atraso no crescimento intrauterino, pela diminuição das faculdades psico-sociais, pelas deficiências associadas à má nutrição e por uma elevada prevalência de taxas de cancro gastrointestinal superior. A Tororo Cement Limited faz parte de uma das indústrias em rápido crescimento em Tororo e no Uganda em geral. No entanto, parece não haver informação documentada sobre o nível de contaminação do solo com metais pesados nas imediações da fábrica de cimento de Tororo. Por conseguinte, este estudo teve como objetivo obter informações sobre o nível e a extensão da contaminação do solo com metais pesados nas imediações da fábrica de cimento de Tororo, no Uganda.

1.5. Objectivos do estudo

Objetivo geral

Avaliar os níveis de contaminantes de metais pesados selecionados no solo em redor d a fábrica de cimento no subcondado de Osukuru, distrito de Tororo.

Objectivos específicos

1. Determinar as concentrações de chumbo, cádmio e crómio nas amostras de solo.

2. Comparar as concentrações dos metais pesados selecionados nas amostras de solo em redor da fábrica de cimento com as concentrações obtidas nas amostras de solo do local de controlo.

1.4. Âmbito do estudo

O estudo foi efectuado no Uganda. As amostras de solo foram obtidas em redor da fábrica de cimento de Tororo, a distâncias variáveis da fábrica de cimento e também do local de controlo, no distrito de Chamilula Tororo, na parte oriental do Uganda, e posteriormente transportadas para a Metlab East Africa Limited, onde foram efectuados os tratamentos preparatórios e a análise. Três destes metais, Cr, Pb e Cd, foram selecionados por se encontrarem entre os metais especialmente conhecidos por terem efeitos deletérios em estudos ambientais e por terem sido identificados nas emissões das fábricas de cimento.

1.5 Justificação do estudo

Os actuais níveis de contaminação do solo devido às actividades operacionais das fábricas de cimento levaram a uma maior disseminação de poeiras de cimento, à acumulação de metais pesados no solo e à redução da produtividade do solo, entre outros. O aumento dos níveis de metais pesados no solo representa uma forma de stress ambiental, análogo às propriedades físicas, biológicas e químicas extremas do solo. Há vários efeitos dos metais pesados no solo em torno do subcondado de Osukuru que precisam de ser abordados para reduzir os níveis de contaminação do solo com metais pesados.

1.6. Significados do estudo.

É importante dispor de dados qualitativos e quantitativos sobre a concentração de metais pesados no solo. Tal deve-se ao facto de os metais pesados poderem representar riscos para a saúde quando se acumulam no corpo humano.

- Os dados deste estudo podem ser utilizados para monitorizar e controlar a contaminação por metais pesados no solo em redor da fábrica de cimento no sub-condado de Osukuru.

- Os dados dessa avaliação poderiam servir como um índice no qual as variáveis de correção na modelação poderiam ser ancoradas.

- Ajudará também os gestores da fábrica de cimento de Tororo a combater as ineficiências na gestão dos resíduos, melhorando assim a qualidade do solo e a saúde da população circundante

- O estudo também beneficiará o investigador no cumprimento parcial dos requisitos para a atribuição de um diploma de bacharelato em ciências e gestão ambiental da Universidade de Kyambogo.

Fig.2 Mostra a Faculdade de Ciências da Universidade de Kyambogo,

Kampala, Uganda

CAPÍTULO DOIS
REVISÃO DA LITERATURA

2.0.Heavy Metal

Os metais pesados (HM) podem ser definidos como um grupo de elementos com uma densidade superior a 5 g/cm3 [Lottermoser, 2007]. No que respeita à sua toxicidade, os HM podem ser divididos em dois grupos: micronutrientes como Fe, Mn, Mo, Cu, Cr, Ni e Zn, que são essenciais em pequenas quantidades, e os únicos tóxicos como Ar, Cd, Hg e Pb, sem qualquer importância biológica conhecida. Os metais pesados são extremamente persistentes no ambiente devido à sua natureza não biodegradável, meias-vidas biológicas longas, estabilidade térmica e potencial para se acumularem em níveis tóxicos tanto nas plantas como nos animais [Adah *et al.*, 2013]. Mesmo em baixas concentrações, tem sido relatado que os metais pesados produzem efeitos prejudiciais no homem e nos animais porque não existe um bom mecanismo para a sua eliminação do corpo [Adah *et al.*, 2013].

2.1. Metais pesados no solo

O solo é um componente crucial dos ambientes rurais e urbanos. É um recurso natural valioso e indispensável. É no solo que cresce a maior parte dos alimentos que comemos. A água que bebemos infiltra-se através do solo nos reservatórios de água subterrânea ou corre por cima dele para os rios. A extração mineira, o fabrico e a utilização de produtos sintéticos, como pesticidas, tintas, resíduos industriais, fertilizantes e a aplicação de lamas industriais ou domésticas no solo resultam na contaminação dos solos urbanos e agrícolas com metais pesados. Embora os adubos sejam nutrientes melhorados aplicados ao solo para promover o crescimento das plantas, verifica-se que contêm, em quantidades mínimas, outros elementos, na sua maioria metais pesados, que não têm qualquer utilização conhecida ou podem ser tóxicos para o homem e as plantas, sendo a maioria deles responsável por muitos efeitos adversos para a saúde (Alloway, 1995). A absorção foliar de emissões atmosféricas de metais pesados foi identificada como uma via importante de contaminação das culturas por metais pesados (Salim *et al.*, 1992). A deposição em aterro de resíduos sólidos urbanos pode levar a que vários metais, incluindo Cd, Cu, Pb, Sn e Zn, sejam dispersos no solo (Alloway, 1995). Prabu (2009) observou que a concentração de metais pesados no solo depende do teor de argila porque as partículas de argila têm um grande número de locais de ligação iónica devido à elevada área de superfície. A acumulação excessiva de metais pesados nos solos é tóxica para os seres humanos e outros animais. A exposição a metais pesados é normalmente crónica devido à transferência na cadeia alimentar. A contaminação dos solos agrícolas por metais é cada vez mais preocupante devido a questões de segurança alimentar e a potenciais riscos para a saúde associados à ingestão de plantas contaminadas.

2.2. Composição do pó de cimento

O aumento das actividades das fábricas de cimento pode levar a um impacto ambiental significativo numa vasta gama de escalas espaciais (Jennifer L. Carr 2013). O pó de cimento pode transportar uma variedade de elementos potencialmente tóxicos, como Pb, Hg, Cu, Zn, Cd, As , Al, Ni e outros oligoelementos potencialmente patogénicos que podem ser depositados nos solos durante muito tempo (M.C. Domingo 2002). Vários estudos efectuados em diferentes partes do mundo mostraram que as poeiras de cimento das fábricas de cimento contêm vários metais pesados. Mohammad Elyas Moslempour e Sara Shahdadi (2013) realizaram um estudo sobre a concentração de metais pesados nos solos em torno da vizinhança da fábrica de cimento Khash no sudeste do Irão. Os resultados indicaram que a distribuição de metais era flutuante, tendo em conta as várias distâncias e direcções da fábrica de cimento. No entanto, observou-se que as concentrações médias de metais das amostras de solo não tinham uma tendência especial em relação à distância e à direção da instalação. Outro estudo foi efectuado por Hussein K. Okoro e Benjamin. O. Orimolade (2016) em torno da fábrica de cimento Wapco em Ewekoro, no sudoeste da Negeria, mostrou que as concentrações de metais pesados (Pb, Cr e Cd) nas amostras de solo diminuíam à medida que as distâncias das comunidades à fábrica de cimento aumentavam.

Outro estudo realizado sobre a avaliação da contaminação por metais pesados do solo e das plantas de mandioca nas imediações de uma fábrica de cimento no centro-norte da Nigéria pela Pelagia Research Library em 2016 indicou que a concentração de metais tanto no solo como nas folhas de mandioca se encontrava abaixo dos limites recomendados pela OMS/FAO e muito acima da concentração encontrada no local de controlo. Noutro estudo realizado por Narges Behzad (2009) sobre a contaminação por metais pesados e a distribuição no solo em torno da fábrica de cimento Islam Shahr na cidade de Parks, no Irão, os resultados indicaram que a concentração de metais estava acima do valor de fundo natural dos metais e também se verificou que a concentração de metais era elevada em torno do solo perto da fábrica de cimento, em comparação com o solo mais afastado da fábrica de cimento, também se observou que a concentração de chumbo era a mais elevada, à semelhança do meu estudo, onde também descobri que o solo tinha um elevado teor de chumbo do que quaisquer outros metais pesados. Outro estudo realizado por G. Morrison e O.S. Fatoki, em 2003, em torno da fábrica de cimento da Província do Cabo, na África do Sul, mostrou que a concentração de chumbo, crómio e cádmio era muito elevada em torno da fábrica de cimento, mas a concentração era flutuante em torno da fábrica de cimento.

2.3. Toxicidade dos metais pesados

A toxicidade dos metais pesados é atribuída basicamente ao papel que estes metais desempenham nos processos biológicos, bem como à forma como interagem com elementos essenciais, tanto a nível intestinal como dos órgãos, uma vez absorvidos pelo organismo (OMS, 1993). Podem remover electrões dos aminoácidos ou das bases do ADN, provocando uma reação que perturba a capacidade da célula para realizar as suas funções biológicas (Jamnicka *et al.,* 2007). Estas moléculas biológicas modificadas perdem a sua capacidade de funcionar corretamente e resultam em mau funcionamento ou morte das células afectadas (Hoekman, 2011).

Nowak e Chmielnicka (2000), observaram que, em alguns casos, os

metais tóxicos deslocam iões metálicos quimicamente relacionados

que são necessários para funções biológicas importantes. A alteração

destas estruturas leva a consequências tóxicas que têm uma série de

perturbações. Além disso, os metais pesados são não

biodegradáveis, termoestáveis e persistentes (Sharma *et al.*, 2007) e

sofrem bioacumulação e biomagnificação ao longo da cadeia

alimentar quando ingeridos. Os efeitos cumulativos ocorrem após

uma longa exposição a baixos níveis de metais pesados. A exposição

dos consumidores a riscos para a saúde é geralmente expressa em

valores de referência de ingestão diária máxima tolerável provisória

(PMTDI) ou ingestão semanal máxima tolerável provisória

(PMTWI) estabelecidos pela FAO/OMS (FAO/OMS, 1999). Os

sintomas são periodicamente progressivos, resultando em problemas

graduais e graves.

2.4.Fontes e efeitos na saúde dos metais pesados selecionados

2.4.1. Chumbo

O chumbo é um metal tóxico cuja utilização generalizada tem

causado uma grande contaminação ambiental e problemas de saúde em muitas partes do mundo. A exposição ao chumbo é responsável por cerca de 1% da carga global de doenças, sendo a carga mais elevada nas regiões em desenvolvimento (Fewtrell *et al.*, 2004). As fontes emissoras de chumbo incluem a exploração mineira e a fundição, as centrais eléctricas a carvão e os incineradores (Hill, 2007). Os valores médios aproximados de Pb nos solos foram registados como variando entre 15-25mg/kg, enquanto os níveis médios de Pb no solo se situam entre 10-70 mg/kg (Laugher, 1992), mas foram registados níveis mais elevados de Pb de 45,4 a 263,8 mg/kg nos solos em torno da fábrica de cimento *Ewekoro* em Nageri (Kaara, 1992). A mobilidade do chumbo é maior em solos arenosos, que tendem a carecer de matéria orgânica, do que em solos orgânicos (Kirmani *et al.*, 2011); no entanto, os níveis de Pb em solos não contaminados variam entre 10 e 70mg/kg (Kabata-Pendias e Pendias, 1992). O chumbo é efetivamente absorvido tanto pelas raízes como pelas folhas das plantas (Tyagi e Mehra, 1990).

A concentração de chumbo nos solos em torno da fábrica de cimento é bastante constante, com um intervalo de 20,5 a 70,1 mg/kg (Hussein K.Okoro 2016), no entanto, Noel Namuhani e Kimumwe Cyrus (2015), relataram níveis de Pb em solos em torno de Jinja steel Rolling Mills no

Uganda para ser entre 20 a 58 mg/kg. No Irão, o nível médio de Pb nos solos em redor da fábrica de cimento foi de 30 a 60,4 mg/kg (Maleki e Zaraswand, 2008), enquanto o nível médio de Pb no moinho de processamento de mandioca, *Festuca proensis* L, foi de 21,39 mg/kg (Buszewski *et al.*, 2000). Ghani (2010) observou que a absorção, o transporte e a acumulação de Pb pelas plantas dependem fortemente da concentração, do tipo de solo, das propriedades do solo e das espécies vegetais.

A exposição ao chumbo está associada a um aumento dos comportamentos internalizantes específicos da infância, como a ansiedade e os problemas sociais (Roy *et al.*, 2009). Outros efeitos incluem a deficiência da função cognitiva devido à destruição do sistema nervoso central (Giddings, 1998; Ndinya, 1998), a inibição de enzimas, a deficiência renal, problemas reprodutivos e efeitos teratogénicos (Sodhi, 2009). Há também provas de que valores mais elevados de Pb estão associados à hipertensão (Navas-Acien *et al.*, 2007), à doença vascular periférica (Navas-Acien *et al.*, 2004), ao aumento da mortalidade na idade adulta (Lustberg e Silbergeld, 2002; Schober *et al.*, 2006) e ao declínio cognitivo nos idosos (Weisskopf *et al.*, 2004). O chumbo pode potencialmente afetar o crescimento normal do osso fetal ao competir com o Ca pela deposição no osso, uma vez que o chumbo e o Ca têm propriedades químicas semelhantes (Potula, 2005).

2.4.2. Cádmio

O cádmio está amplamente distribuído na crosta terrestre. Em zonas que se sabe não estarem poluídas, a concentração média de Cd no solo situa-se entre 0,2 e 0,4 mg/kg. No entanto, encontram-se ocasionalmente valores muito mais elevados do que os registados no solo (IPCS, 1992). O cádmio é libertado para a atmosfera durante a extração mineira e a fundição de Zn, Pb e Cu. A queima de combustíveis fósseis, especialmente carvão, é uma fonte contínua. O solo recebe Cd de duas fontes. Em primeiro lugar, os adubos fosfatados contêm invariavelmente Cd como contaminante natural. Foram obtidos níveis de Cd que variam entre 0,73 e 1,23 mg/kg em solos etíopes em redor da fábrica de cimento (Atlabachew *et al.,* 2011). Hussein K. Okoro (2016), Noel Namuhani e Kimumwe Cyrus (2015) registaram níveis de Cd nos solos em redor da Jinja steel Rolling Mills no Uganda entre 0,25 e 1,92 mg/kg. No Irão, o nível médio de Pb nos solos em redor da fábrica de cimento foi de 0,87 mg/kg. Mapanda *et al.* (2007) registaram concentrações elevadas de Cd, 2,5-6,3mg/kg. Foram registados níveis de Cd na ordem dos 1,3-2,9 mg/kg em amostras de solo em redor de Adis Abeba (Tilahun, 2009).

Devido à sua elevada taxa de transferência do solo para a planta, o Cd é um contaminante encontrado na maioria dos géneros alimentícios humanos, o que torna a dieta uma fonte primária de exposição entre a população não fumadora e não exposta profissionalmente (Clemens, 2006; Mclaughlin *et al.*, 2006; Franz *et al.*, 2008). Akesson *et al.* (2008), observaram um aumento do risco de cancro do endométrio numa coorte sueca entre participantes que consumiram 15 mg/kg/dia de > Cd, principalmente a partir de cereais e legumes. Estes resultados sugerem um grande fardo para a saúde associado à exposição ao Cd a níveis experimentados por muitas populações em todo o mundo. A sua afinidade por grupos sulfidrilo induz a sua solubilidade em lípidos que, por sua vez, provocam a sua bioacumulação no fígado e nos rins (Sodhi, 2009).

2.4.3. Crómio

O crómio é um elemento que ocorre naturalmente nas rochas, animais, plantas, solo e poeiras vulcânicas (ATSDR, 1998). Na maioria dos solos, o Cr ocorre em baixas concentrações, 2 - 60 mg/kg (IPCS, 1988). As formas estáveis do Cr são as espécies Cr (III) trivalente e Cr (VI) hexavalente, embora existam vários outros estados de valência que são instáveis e de curta duração nos sistemas biológicos. O Cr (VI) é considerado a forma mais tóxica do Cr, ocorrendo normalmente associado ao oxigénio sob a forma de oxianiões cromato (CrO_4^{2-}) ou dicromato ($Cr_2O_7^{2-}$). O Cr (III) é menos móvel, menos tóxico e encontra-se principalmente ligado à matéria orgânica no solo e em ambientes aquáticos (Becquer *et al.*, 2003).

O comportamento do crómio no solo é controlado pelo pH do solo e pelo potencial redox (Mondol et al., 2011), enquanto Hossner *et al.* (1998) sugeriram que a disponibilidade do Cr do solo para a planta depende do estado de oxidação do Cr, do pH e da presença de locais de ligação coloidal e de complexos Cr-orgânicos que influenciariam a sua solubilidade total. Quase todo o Cr hexavalente presente no ambiente provém de actividades humanas. É derivado da oxidação industrial de depósitos de Cr extraídos de minas e possivelmente da combustão de combustíveis fósseis, madeira e papel. Neste estado de oxidação, o Cr é relativamente estável no ar e na água pura, mas é reduzido ao estado trivalente quando entra em contacto com a matéria orgânica da biota, do solo e da água (IPCS, 1988). O organismo possui vários sistemas de redução do Cr (VI) a Cr (III).

Os problemas associados ao Cr envolvem erupções cutâneas, úlceras estomacais, lesões renais e hepáticas, cancro do pulmão e, por fim, morte (Kirmani *et al.,* 2011). A exposição prolongada pode causar danos nos rins e no fígado e danos no tecido nervoso circulatório (Lenntech, 2009). Numa concentração elevada, é tóxico tanto para as plantas como para os animais. O Cr hexavalente provoca uma forte irritação do trato respiratório. Estudos em animais experimentais relataram que o Cr hexavalente causa várias formas de danos genéticos em testes de mutagenicidade a curto prazo, incluindo danos no ADN e incorporação incorrecta de nucleótidos na transcrição do ADN (IPCS, 1988).

2.5. Métodos de análise de metais pesados

Estão atualmente em uso várias técnicas para a determinação de elementos metálicos. Estas técnicas incluem a espetroscopia de absorção atómica (AAS) (Taylor *et al.,* 2006), a espetroscopia de massa com plasma indutivamente acoplado (ICP-MS) (Conor, 2004), a espetroscopia de emissão atómica com plasma indutivamente acoplado (ICP-AES) (Pavel *et al.*, 2005) e a espetroscopia de fluorescência de raios X por dispersão de energia (EDXRF) (Beckhoff *et al.*, 2006). Para este estudo, foi utilizada a AAS devido à sua disponibilidade, reprodutibilidade e eficiência temporal. A AAS tem uma elevada sensibilidade e seletividade. É um método elementar único em que um elemento é determinado numa série de amostras e os parâmetros instrumentais são optimizados para o elemento seguinte e pode ser facilmente automatizado. Na AAS, uma substância é vaporizada e decomposta em átomos gasosos numa chama ou num atomizador eletrotérmico. A concentração de átomos é medida pela absorção de um comprimento de onda específico de radiação. Os átomos apresentam espectros de absorção de linhas.

Fig.3 Mostra a Faculdade de Engenharia da Universidade de Kyambogo,

Kampala, Uganda

CAPÍTULO TRÊS
MATERIAIS E MÉTODOS

3.1.Materiais utilizados neste estudo

- Espectroscopia de Absorção Atómica

- Sacos de polietileno

- Balões volumétricos de 100 ml

- Copos de 250 ml

- Cilindros de medição

- Ácido nítrico

- Ácido clorídrico

  - papel de filtro

- Água destilada

- Balança de pesagem

- Placa de aquecimento

- Garfo de aço inoxidável

- Sem-fim de 8 cm de diâmetro

- Fita métrica

- Whatman

3.2.Descrição da área de estudo

O presente estudo foi realizado em redor da fábrica de cimento de Tororo, no sub-condado de Osukuru do distrito de Tororo, no Uganda. As coordenadas geográficas da cidade são 0°41'34.0 "N, 34°10'54.0" E. A Tororo Cement Limited é o principal produtor de cimento no Uganda; está rodeada por comunidades agrícolas, sendo o lado ocidental, oriental e setentrional da fábrica de cimento geralmente uma planície e o lado sul montanhoso. Nos lados ocidental, oriental e setentrional da fábrica de cimento, as actividades de cultivo são geralmente praticadas em maior escala e em comparação com o lado meridional, que é altamente montanhoso. Ambos os lados da fábrica são zonas de povoamento para a população circundante, com exceção do lado sul, que é montanhoso e dificulta o povoamento, enquanto os lados oeste e sul são também zonas comerciais com uma rede rodoviária de ligação à fábrica.

A fábrica de cimento Tororo utiliza principalmente calcário, juntamente com argila, gesso e outros materiais, de acordo com as propriedades desejadas para o acabamento. As matérias-primas são esmagadas e combinadas com outros ingredientes, introduzidas num forno de cimento e aquecidas até formarem uma pasta/matéria-prima moída, que é depois introduzida numa chama crepitante produzida a partir de carvão, petróleo, combustíveis alternativos ou gás sob tiragem forçada. À medida que os materiais se deslocam através do forno, é libertada uma certa quantidade de fumos para o ambiente, sendo a substância restante, denominada clínquer, arrefecida e moída numa substância fina denominada cimento.

3.3 Recolha de amostras

Os locais de amostragem foram selecionados de forma a abranger toda a vizinhança da fábrica de cimento, a fim de proporcionar uma representação ambiental satisfatória da área de estudo. Foram estabelecidos círculos concêntricos com raios de 100 m, 200 m e 300 m em torno da chaminé principal da fábrica de cimento, em ambos os lados da fábrica de cimento, ou seja, no lado ocidental, no lado oriental, no lado norte e no lado sul. Em cada círculo, foi estabelecido um local de amostragem, totalizando três locais de amostragem em cada lado da fábrica de cimento, o que dá um total de 12 locais de amostragem. As amostras de solo foram recolhidas nos locais de amostragem designados a uma profundidade de 15 cm, utilizando um parafuso sem-fim de 8 cm de diâmetro, e misturadas com um garfo de aço inoxidável para formar amostras homogéneas, enquanto um total de 3 amostras de solo foram recolhidas do local de controlo, Chamilula, de três regiões à volta do campo de Chamilula, à mesma profundidade. As amostras foram armazenadas em sacos de polietileno devidamente etiquetados e transportadas para o laboratório.

3.4.Preparação da amostra

As amostras de solo foram secas ao ar durante a noite numa folha de polietileno, secas a (100-105^0 C) numa panela de aço inoxidável, esmagadas, homogeneizadas para reduzir o volume e obter amostras representativas, e peneiradas através de um crivo de 2,0 mm. As amostras para análise foram ainda trituradas até menos de 100 mícrones com a utilização de um motor e pilão (aproximadamente 80%-90%). Foram aplicadas à amostra de solo técnicas de digestão húmida utilizando uma combinação de ácido (ácido nítrico e ácido clorídrico) em proporções de 3:1 (aquários). 2,5 g de amostras de solo finamente moídas foram pesadas em copos de 250 ml. Foram adicionados 30 ml de ácido nítrico concentrado e agitados para assegurar uma mistura adequada, seguidos de 10 ml de ácido clorídrico (reagente analítico).

O copo e o conteúdo foram fervidos numa placa quente até que os vapores castanhos (vapores de óxido de azoto) se desprendessem ou fossem eliminados, arrefecidos e cerca de 60 ml de água destilada foram vertidos na superfície do copo para garantir que todos os sólidos e ácidos fossem lavados. O copo e o seu conteúdo foram aquecidos numa placa de aquecimento até o volume ser reduzido para 25-30 ml, retirados da placa de aquecimento e deixados arrefecer. O conteúdo do copo foi filtrado através de papel de filtro Whatman 541 para um balão volumétrico de 100 ml. O balão volumétrico foi completado até à marca e depois tapado com a rolha, agitado para obter uma mistura suficiente e pronto para análise

3.5.Análise de amostras

As amostras foram analisadas pela técnica de absorção atómica utilizando o Perkin Elmer Analyst 100. Os analitos de interesse (Pb, Cr e Cd) foram aspirados após a configuração e calibração da máquina, utilizando padrões preparados a partir de uma solução-mãe de 1000 ppm em comprimentos de onda especificados, ou seja, 283,3 nm e 357,3 nm, 228,8 nm para Pb, Cr e Cd, respetivamente, utilizando uma chama de acetileno. Durante a experiência, foram aplicados princípios de garantia de qualidade/controlo de qualidade para assegurar uma melhor exatidão e precisão dos resultados. Estes princípios incluíram a lavagem de todo o material de vidro com ácido clorídrico diluído e a utilização de material de vidro volumétrico bem calibrado. O espetrómetro de absorção atómica foi calibrado utilizando uma solução padrão recentemente preparada dos metais pesados correspondentes.

3.6 Interpretação e análise dos resultados

As concentrações médias de metais, os desvios-padrão, as medianas e a assimetria foram obtidos para descrever as concentrações de metais pesados no solo. Os limites admissíveis estabelecidos pela OMS/FAO e também os resultados obtidos nos locais de controlo foram utilizados para avaliar os níveis de contaminação do solo pelos metais pesados selecionados.

Fig.4. Mostra o portão público principal do Campus West End da Universidade de Kyambogo

Fig.5 Mostra o estudante da Universidade de Kyambogo durante o horário de atendimento da biblioteca

CAPÍTULO QUATRO
RESULTADOS E DEBATES

4.1.Concentração dos metais pesados selecionados

No solo

Os metais pesados têm níveis máximos admissíveis nos solos especificados por diferentes organismos. No presente estudo, foi adoptada a norma utilizada pela OMS/FAO. Por conseguinte, a comparação e a interpretação dos resultados dos solos analisados baseiam-se nos valores de controlo e nas normas estabelecidas pela OMS/FAO.

4.1.1.Cádmio (Cd)

A concentração determinada de Cd nas amostras de solo variou entre 0,76 e 1,49 mg/kg (quadro 1), com um valor médio de 1,065 mg/kg (quadro 3). A concentração de Cd registada nas amostras de solo em redor da fábrica de cimento era inferior à concentração máxima admissível de 3,0 mg/kg estabelecida pela OMS, mas superior à do local de controlo, com um valor médio de 0,11 mg/kg (quadro 2). O valor médio mais elevado de 1,42 mg/kg foi registado no lado ocidental da fábrica, em comparação com os valores obtidos nos lados oriental, sul e norte (Quadro 1). Este facto deve-se à posição do forno de cimento no lado ocidental, à parede de baixo parâmetro e à diferença nos níveis de Cd no solo de origem nesta região. Os níveis elevados no lado ocidental podem também dever-se ao fluxo do vento em direção a oeste, devido ao movimento das poeiras de cimento. Foram obtidos níveis ligeiramente semelhantes de Cd, entre 0,67 e 1,22 mg/kg, no sudeste do Irão, em torno da fábrica de cimento Khash (Atlabachew *et al.*, 2013), o que implica que as matérias-primas utilizadas podem conter quase a mesma proporção de teor de cádmio. Os níveis de cádmio registados no solo estão dentro dos níveis de Cd em solo não contaminado entre 0,01 e 11 mg/kg (Kabata-Pendias e Pendias, 1992) e muito abaixo de 3,0 mg/kg, os limites admissíveis para terras agrícolas (FAO/OMS, 2001). Por conseguinte, não havia contaminação por Cd no solo.

4.1.2. Chumbo (Pb)

O limite admissível de Pb no solo recomendado pela OMS é de 100 mg/kg. Nas amostras de solo, a concentração de chumbo foi registada abaixo do limite admissível. A concentração estimada de Pb nas amostras de solo variou entre 29,80 e 61,60 mg/kg (quadro 1), com um valor médio de 45,32 mg/kg (quadro 3). Esta concentração de Pb em torno da fábrica é, no entanto, superior à do local de controlo, com uma concentração média de 11,65mg/kg (Quadro 3). O valor médio mais elevado, de 56,80 mg/kg, foi registado no lado ocidental da fábrica. Este valor foi diferente dos valores médios obtidos nos lados sul, leste e norte da fábrica, e é atribuído ao fluxo de vento em direção a oeste devido ao movimento do pó de cimento. Os baixos níveis de Pb nas amostras de solo do lado sul podem dever-se à ausência de localização do forno de cimento, ao tipo de solo e às propriedades físicas do solo, uma vez que foi sugerido que a mobilidade do chumbo é maior em solos arenosos, que tendem a não ter matéria orgânica, do que em solos inorgânicos (Kirmani *et al.*, 2011). Estes níveis de Pb indicam que não houve contaminação por Pb no solo superficial, uma vez que os níveis de Pb em solo não contaminado variam entre 10 e 70mg/kg (Kabata-Pendias e Pendias, 1992) e muito abaixo dos limites permitidos, 100 mg/kg para terras agrícolas (FAO/OMS, 2001)

4.1.3.Crómio (Cr)

A concentração determinada de Cr nas amostras de solo variou entre

7,80 e 22,80mg/kg (Quadro 1) com um valor médio de 14,71mg/kg (Quadro 3). A concentração de Cr registada nas amostras de solo em redor da fábrica de cimento era inferior à concentração máxima permitida de 500 mg/kg estabelecida pela OMS, mas superior à do local de controlo, com um valor médio de 4,73 mg/kg (Quadro 3). O valor médio mais elevado de 20,90 mg/kg foi encontrado no lado ocidental. Este valor era diferente dos valores obtidos nos lados sul, este e norte da fábrica de cimento. A diferença nos níveis de Cr nas quatro regiões pode ser atribuída à diferença nos níveis de Cr no solo de origem, bem como ao fluxo de vento na direção oeste e à posição do forno de cimento nesta região. Os solos do lado sul apresentaram os níveis mais baixos de Cr, o que pode ser atribuído ao alto muro perimetral deste lado, à ausência de um forno de cimento neste lado e à sua especiação. Kotaś e Stasicka (2000), relataram que o Cr(III) está largamente presente no solo como óxidos de Cr relativamente indisponíveis e insolúveis. No entanto, os níveis médios de Cr de 14,71mg/kg Tabela 5 relatados neste estudo estão dentro da faixa de solo não contaminado que é entre 5 a 121mg/kg (Kabata-Pendias e Pendias, 1992).

4.1.4. Variação da concentração com a distância

Para avaliar a influência da fábrica de cimento na área diretamente na vizinhança, foram considerados vários raios de distância (100, 200 e 300 m) em torno da fábrica como centro. As tabelas 4 resumem as concentrações médias de elementos no solo relativamente à distância da fábrica de cimento. Uma observação atenta dos dados disponíveis revela que os níveis mais elevados de alguns metais ocorrem mais perto da fábrica. Por exemplo, o nível mais elevado de chumbo e crómio foi observado a uma distância de raio (rd) de 100m. No entanto, uma inspeção atenta da Tabela 4 sugere que a concentração média das amostras de solo tem uma tendência especial em relação à distância da instalação para a maioria dos metais.

Tabela 1. Concentração (mg/kg) de metais pesados selecionados nas amostras de solo obtidas nas imediações da fábrica de cimento

Lado do fábrica de cimento	Amostragem Distância (m)	Concentrações de metais pesados (mg/kg)			
		Pb	Cd	Cr	
Lado oriental	100	52.08	1.20	19.80	
	200	50.10	0.83	19.10	
	300	48.10	1.10	17.30	
	Média	50.09	1.04	18.73	
Lado ocidental	100	61.60	1.46	22.80	
	200	54.20	1.49	19.82	

	300	54.60	1.32	20.10	
	Média	56.80	1.42	20.90	
Lado norte	100	40.80	1.02	10.98	
	200	39.10	0.99	10.11	
	300	37.80	0.89	9.80	
	Média	39.23	0.96	10.29	
Lado sul	100	39.60	0.97	9.92	
	200	36.10	0.80	9.11	
	300	29.80	0.76	7.80	
	Média	35.16	0.84	8.94	

Quadro 2. A concentração de metais pesados (mg/kg) nas amostras de solo foi obtida no campo de Chamilula como experiência de controlo.

Metais pesados selecionados.		Concentração (mg/kg).
Pb		
	Controlo 1	11.70
	Controlo 2	11.68
	Controlo 3	11.59
Cr		
	Controlo 1	4.80
	Controlo 2	4.69
	Controlo 3	4.70
Cd		
	Controlo 1	0.10
	Controlo 2	0.12
	Controlo 3	0.11

Tabela 3. Concentração média de metais pesados no solo em redor da fábrica de cimento e no campo de controlo.

Amostras de solo	Pb	Cd	Cr
Amostras de solo em torno de fábrica de cimento	45.32	1.065	14.71
Amostras de solo da experiência de controlo de Campo Camilla	11.65	0.11	4.73
MPL (OMS/FAO)	100.00	3.00	500.00

Tabela 4. Concentração média de metais pesados (mg/kg) em amostras de solo a distâncias variáveis da fábrica de cimento de Tororo.

Distância (m)	Pb	Cd	Cr
100	48.52	1.16	15.87
200	44.87	1.02	14.53
300	42.57	1.01	13.75

Tabela 5: Resumo estatístico das concentrações de metais (mg/kg) no solo em redor da fábrica de cimento

	Pb	Cd	Cr
Média	45.32	1.06	14.71
Mediana	44.66	0.99	14.51
Desvio padrão	8.58	0.20	5.17
Máximo	61.60	1.49	22.80
Mínimo	29.80	0.76	7.80
Skewness	0.23	1.05	0.11
Normas de solos residenciais da USEPA	400	70	230
Intervenção neerlandesa normas do solo	530	12	380

Fig.6.Mostra os estudantes da Universidade de Kyambogo em trajes académicos no entretenimento

Fig.7. Mostra estudantes da Universidade de Kyambogo a trabalhar na biblioteca da universidade

CAPÍTULO CINCO
CONCLUSÕES E RECOMENDAÇÕES

5.1.Conclusões

As concentrações de cádmio, chumbo e crómio nas amostras de solo à volta da fábrica de cimento estavam abaixo do limite permitido pela OMS/FAO, mas acima do limite do local de controlo, Chamilula. Pode dizer-se que o solo em redor da fábrica de cimento está ligeiramente contaminado com estes metais tóxicos. A contaminação do solo pode dever-se à proximidade da fábrica de cimento. Embora se tenha verificado que a concentração dos metais pesados selecionados, como o Cd, o Pb e o Cr, no solo em redor da fábrica de cimento era inferior aos limites de segurança da FAO/OMS, os limites de segurança dos metais baseados apenas em avaliações agudas podem ser enganadores, uma vez que as concentrações consideradas baixas para não causar qualquer efeito deletério podem acumular-se incidentalmente, conduzindo assim a uma toxicidade crónica.

5.2.Recomendações

1) Devem ser plantadas árvores altas a cerca de 50 m de distância do muro perimetral em todos os lados da fábrica de cimento para atuar como uma plataforma de assentamento para os metais pesados para limpar os metais.

2) A comunidade vizinha deve ser sensibilizada pelos diretores das fábricas de cimento para criar consciência.

3) Recomenda-se a monitorização e avaliação regulares do solo em redor da fábrica de cimento de Tororo para verificar as concentrações elevadas destes metais.

4) Este estudo abrangeu apenas três elementos. Devem ser analisados mais oligoelementos para além dos considerados neste estudo, bem como os elementos principais, para fornecer dados completos sobre o perfil metálico do solo.

5) A especiação química deve ser efectuada no solo para determinar as formas químicas dos metais pesados presentes no solo. Isto deve-se ao facto de algumas formas de metais pesados serem muito tóxicas tanto para as plantas como para os animais, enquanto outras são menos tóxicas.

Fig.8. Mostra 2023 Ciência, Tecnologia, Engenharia. Artes. Festival de Matemática

Fig.9 Mostra o portão público do campus principal West End da Universidade de Kyambogo

REFERÊNCIAS

Alloway, B. J. (1990). Heavy metals in soil. Blackie academics professional publishers, Londres. 25-26.

Akesson, A., Julin, B. e Wolk, A. (2008). Long-term dietary cadmium intake and postmenopausal endometrial cancer incidence: Um estudo de coorte prospetivo de base populacional. *Cancer Research,* **68**:6435-6441.

Alloway, B.J. (1995). Heavy metals in soils. Blackie academics professional publishers, Londres. 7-39.

Atlabachew, M., Chandravanshi, B. S. e Redi, M. (2011). Perfil de metais maiores, menores e tóxicos no solo *(Catha edulis Forsk)* na Etiópia. *Treads in Applied Science Research,* **6**:640-655.

ATSDR (2007). Toxicological profile for lead (Perfil toxicológico do chumbo). Departamento de Saúde e Serviços Humanos dos EUA, Serviço de Saúde Pública, Atlanta, GA. Processo n.º **7439-92-1**. 72

Bagchi, D., Stohs, S. J., Downs, B. W., Bogchi, M. e Preuss, H. G. (2002). Citotoxicidade e mecanismos de oxidação de diferentes formas de crómio. *Toxicologia,* **180**:5-22.

Beckhoff, B., Langhoff, N., Lanngiefer, B., Wedell, R e Wolff, H.

(2006). Handbook of practical X-ray fluorescence analysis. Springer verlag Berlin, Heldelberg. 301.

Becquer, T., Quantin, C., Sicot. M. e Boudot, J. P. (2003). Chromium availability in ultramafic soils from New Caledonia. *Science of Total Environment*, **301**:251- 61.

Boon, D. Y. e Soltanpour, P. N. (1992). Lead, cadmium, and chromium contamination of aspen garden soils and vegetation. *Journal of Environmental Quality*, **21**:82-86.

Cervantes, C., Garcia, J. C., Devars, S., Corona, F. G., Tavera, H. L., Torresguzman, J. e Carlos, N. (2001). Interações do crómio com microrganismos e. *FEMS Microbiological Reviews*, **25**:335- 47.

Clemens, S. (2006). Acumulação de metais tóxicos, respostas e mecanismos de tolerância em plantas. *Biochimie,* **88**:1707- 1719.

Dayan, A. D. e Paine, A. J. (2001). Mechanisms of chromium toxicity, carcinogenicity and allergenicity: review of the literature from 1985 to 2000. *Human & Experimental Toxicology,* **20**:439-51.

Evans, L. J. (1989). Química da retenção de metais pelo solo. *Ciência e Tecnologia Ambiental,* **23**:1046-1056.

Evans, L. J. (1989). Química da retenção de metais pelo solo. *Ciência e Tecnologia Ambiental,* **23**:1046-1056

Fatoki, O. S. (2003). Acumulação de chumbo, cádmio e zinco ao longo de algumas estradas principais selecionadas doCabo Oriental. *Jornal Internacional de Estudos Ambientais,* **60**: 199-204.

Fendorf, S. E. (1995). Reacções de superfície do crómio em solos e águas. *Geoderma,* **67**:55-57.

Fergusson, E. J. (1998). Os elementos pesados: Chemistry, environmental impact and health effects. Pergamon press, Nova Zelândia. 547. 74

Ferner, D. J. (2001). Toxicidade. Metais pesados. *eMedicine Journal,* **2**:1

Fewtrell, L. J., Pruss-Ustun, A., Landrigan, P. e Ayuso-Mateos, J. L. (2004). Estimating the global burden disease of mild mental retardation and cardiovascular disease from environmental lead exposure. *Environmental Research,* **94**:120-133.

Franz, E., Romkens, P., Van Raamsdonk, L. e Van der Fels-Klerx, I. (2008). Uma abordagem de modelação em cadeia para estimar o impacto da poluição social por cádmio na exposição alimentar. *Journal of Food Protection,* **71**:2504-2513.

Gabinete de Engenharia Geotécnica (2007). Método de ensaio para a determinação do valor do pH da água ou do solo através de um medidor de pH. Estado de Nova Iorque, Departamento de Transportes. 1-5.

Giddings, J. (1998). Chemistry, man and environmental change. Canfield Press, Londres. 348- 351.

Goyer, R. A. e Myron, A. M. (1997). Study of heavy metals in the soils. Imprensa académica, Nova Iorque. 86-89.

Gupta, U. C. e Gupta, S. C. (1998). Relações entre a toxicidade dos oligoelementos e a produção vegetal, a pecuária e a saúde humana: Implicação para a gestão. *Communications in Soil Science and Plant Analysis,* **29**:1491- 1522.

Hill, M. K. (2007). Understanding environmental pollution. 2ª edição, Cambridge University Press, Reino Unido. 357-369.

Hooda, P. S., McNulty, D., Alloway, B. J. e Aitken, M. N. (1997). Disponibilidade de metais pesados para as plantas em solos previamente alterados com aplicações pesadas de lamas de depuração. *Journal of Food, Agriculture and Environment,* **73**: 446-454.

Hossner, L. R., Loeppert, R. H., Newton, R. J., Szaniszlo, P. J. e Attrep, M. (1998). Revisão da literatura: Phytoaccumulation of chromium, uranium, and plutonium in plant systems (Fitoacumulação de crómio, urânio e plutónio em sistemas vegetais).

IPCS (1992). Cadmium. Critérios de saúde ambiental, 134. Genebra: Organização Mundial de Saúde. http:/ /www.inchem.org/documents/ehc/ehc/ehc134.htm (acedido em 8/2/2011)

Jarup, L. (2003). Perigos da contaminação por metais pesados. *British Medical Buletin*, **68**:167-182. Jorhem, L. e Sundstrom, B. (1993). Levels of lead, cadmium, zinc, copper, nickel, chromium,

manganês e cobalto em alimentos no mercado sueco. *Journal of Food Composition and Analysis*, **6**:223-241.

Kaara, J. N. (1992). Determinação de metais pesados em lamas de depuração, efluentes de depuração, solo de jardim e culturas alimentares cultivadas em solos normais e alterados com depuração. Dissertação de Mestrado. Tese, Universidade Kenyatta.

Kabata-Pendias, A. (2004). Transferência de oligoelementos pelas plantas do solo: uma questão ambiental. *Geoderma*, **122**:143-149.

Kabata-Pendias, A. e Pendias, H. (1992). Trace elements in soils and plants. CRC Press, Londres. 413.

Kisku, G. C., Barman, S. C. e Bhargava, S. K. (2000). Contaminação do solo e das plantas com elementos potencialmente tóxicos irrigados com efluentes industriais mistos e seu impacto no ambiente. *Water, Air and Soil Pollution*, **120**:121-137.

Kotaś, J. e Stasicka, Z. (2000). Ocorrência de crómio no ambiente e métodos da sua especiação. *Environmental Pollution*, **107**:263-283. Krishnamurthy, S. e Wilkens, M.

Laughter, S. B. (1992). The biogeochemical cycling of trace elements in water (O ciclo biogeoquímico dos elementos vestigiais na água). *Sociedade Americana de Limnologia e Oceanografia*, **37**:49-52.

Buy your books fast and straightforward online - at one of world's fastest growing online book stores! Environmentally sound due to Print-on-Demand technologies.

Buy your books online at
www.morebooks.shop

Compre os seus livros mais rápido e diretamente na internet, em uma das livrarias on-line com o maior crescimento no mundo! Produção que protege o meio ambiente através das tecnologias de impressão sob demanda.

Compre os seus livros on-line em
www.morebooks.shop

Printed by Books on Demand GmbH, Norderstedt / Germany